essentials

Essentials liefern aktuelles Wissen in konzentrierter Form. Die Essenz dessen, worauf es als „State-of-the-Art" in der gegenwärtigen Fachdiskussion oder in der Praxis ankommt. Essentials informieren schnell, unkompliziert und verständlich

- als Einführung in ein aktuelles Thema aus Ihrem Fachgebiet
- als Einstieg in ein für Sie noch unbekanntes Themenfeld
- als Einblick, um zum Thema mitreden zu können

Die Bücher in elektronischer und gedruckter Form bringen das Expertenwissen von Springer-Fachautoren kompakt zur Darstellung. Sie sind besonders für die Nutzung als eBook auf Tablet-PCs, eBook-Readern und Smartphones geeignet.

Essentials: Wissensbausteine aus den Wirtschafts, Sozial- und Geisteswissenschaften, aus Technik und Naturwissenschaften sowie aus Medizin, Psychologie und Gesundheitsberufen. Von renommierten Autoren aller Springer-Verlagsmarken.

Siegmund Brandt

Analyse empirischer und experimenteller Daten

Ein kompakter Überblick für Studierende und Anwender

Prof. Dr. Siegmund Brandt
Siegen
Deutschland

ISSN 2197-6708   ISSN 2197-6716 (electronic)
essentials
ISBN 978-3-658-10068-1   ISBN 978-3-658-10069-8 (eBook)
DOI 10.1007/978-3-658-10069-8

Die Deutsche Nationalbibliothek verzeichnet diese Publikation in der Deutschen Nationalbibliografie; detaillierte bibliografische Daten sind im Internet über http://dnb.d-nb.de abrufbar.

Springer Spektrum
© Springer Fachmedien Wiesbaden 2015

Gedruckt auf säurefreiem und chlorfrei gebleichtem Papier

Springer Fachmedien Wiesbaden ist Teil der Fachverlagsgruppe Springer Science+Business Media
(www.springer.com)

Was Sie in diesem Essential finden können

Die Datenanalyse benutzt die Begriffe und Methoden der mathematischen Statistik. In diesem Essential konzentrieren wir uns auf die Vermittlung der wichtigsten Grundbegriffe und die Beschreibung der wohl häufigsten Anwendung, der Methode der kleinsten Quadrate. Schwerpunkte sind

- Wahrscheinlichkeit, statistische Verteilungen und deren Kenngrößen, Stichproben, Messfehler, Fehlerfortpflanzung
- Graphische Darstellung von Daten und Fehlern
- Statistische Tests, insbesondere χ^2 - Test
- Kleinste Quadrate, angewandt auf Probleme verschiedener Schwierigkeit und illustriert an konkreten Beispielen

Vorwort

Die möglichst erschöpfende Analyse empirisch oder durch Experimente gewonnener Daten ist eine oft wiederkehrende Aufgabe in Studium, Forschung und Berufsleben. Zu deren Bearbeitung benötigt man Grundkenntnisse der mathematischen Statistik und der gebräuchlichen Analyseverfahren.

Dieses Essential orientiert sich an meinem Lehrbuch *Datenanalyse* (siehe Literaturverzeichnis), das im Text als [DA] zitiert wird. Die eher mathematisch orientierten Anhänge des Buches (im Text zitiert als [DA-A]) mit einer ausführlichen Behandlung von Vektoren und Matrizen können kostenlos heruntergeladen werden von der Seite des Buches [DA] unter springer.com. Mit heruntergeladen wird auch die in Java geschriebene Programmbibliothek datan einschließlich Graphikbibliothek und Beispielprogrammen. Sie enthält Programme für alle in [DA] besprochenen Methoden der Datenanalyse.

Schwerpunkte dieses Essentials sind die Vermittlung der wichtigsten Begriffe und die Einführung in die Methode der kleinsten Quadrate, ein besonders oft angewandtes Verfahren der Datenanalyse. Dabei werden Zwischenrechnungen nur skizziert oder ganz weggelassen. Sie können in [DA] nachvollzogen werden.

Inhaltsverzeichnis

Einleitung 1

Empirische oder experimentelle Beobachtungen haben das Ziel, den Zahlwert einer Größe exakt zu bestimmen. Das gelingt allerdings in der Regel nie. Für die Abweichung zwischen beobachtetem und wahrem Wert gibt es unterschiedliche Gründe:

Systematische Fehler Die Messmethode verschiebt den Messwert immer zu einem zu großen (oder immer zu einem zu kleinen) Wert. Solche Fehler können manchmal zum Teil korrigiert werden, etwa indem das Messgerät mit einem sehr viel genaueren verglichen, d.h. kalibriert, wird. Es verbleibt aber immer ein restlicher systematischer Fehler, dessen Vorzeichen nicht bekannt ist. Die Abschätzung dieser Fehler kann nur durch Personen geschehen, die mit Einzelheiten der jeweiligen Messung vertraut sind. Sie kann deshalb nicht Gegenstand dieser Darstellung sein.

Statistische Fehler Empirische und experimentelle Daten, also Zahlwerte, die durch Abzählung oder Messung gewonnen wurden, haben etwas zufälliges: Bei einer Wiederholung der Beobachtung ergeben sich gewöhnlich nicht exakt die gleichen Zahlwerte. Das liegt entweder in der statistischen Natur der beobachteten Vorgänge, etwa der Zählung von radioaktiven Zerfällen oder von Verkehrsteilnehmern, oder in an kleinen von einer Messung zur nächsten vorkommenden Veränderungen an Messgerät oder Ablesetechnik.

Die Datenanalyse benutzt Methoden der mathematischen Statistik, um diese Zufälligkeiten in den Griff zu bekommen. Hier sind ein paar Beispiele:

1.1 Messung durch Abzählung

Ein Kaufhaus registriert an einem Freitag zwischen 9 und 10 Uhr 144 Kunden. Was lässt sich daraus über die Kundenzahl in dieser Zeitspanne an anderen Freitagen aussagen? Antwort: Diese Zahl liegt mit erheblicher Wahrscheinlichkeit im

© Springer Fachmedien Wiesbaden 2015
S. Brandt, *Analyse empirischer und experimenteller Daten,* essentials,
DOI 10.1007/978-3-658-10069-8_1

Bereich $144 \pm \sqrt{144}$, d.h. zwischen 132 und 156. Dabei ist mit „erheblich" eine Wahrscheinlichkeit von ca. 68 %, also etwa zwei Dritteln, gemeint.

1.2 Mittelwert und Fehler aus wiederholten Messungen

Die Messung einer Größe x wird n mal in der gleichen Weise ausgeführt und liefert die Werte $x_1, x_2, \ldots, x_n$. Was lässt sich daraus über den wahren Wert von x schließen? Antwort: Wir definieren die Größen $\bar{x} = (x_1 + x_2 + \ldots + x_n)/n$ und $(\Delta x)^2 = [(\bar{x} - x_1)^2 + (\bar{x} - x_2)^2 + \ldots + (\bar{x} - x_n)^2]/(n-1)$, nennen $\bar{x}$ den *Mittelwert* und Δx die *Streuung* oder den *Fehler* der gesamten Messung und sagen, der wahre Wert liegt im Bereich $\bar{x} \pm \Delta x$, und zwar wieder mit einer Wahrscheinlichkeit von ca. 68 %.

1.3 Mittelwert und Fehler aus Messungen verschiedener Genauigkeit

Messwerte der gleichen Größe und deren Fehler seien - etwa nach der Vorschrift des vorigen Beispiels - mit verschiedenen Methoden bestimmt worden. Dabei haben sich die Wertepaare $(x_1, \Delta x_1), \ldots, (x_n, \Delta x_n)$ ergeben. Wie finden wir daraus den besten Schätzwert $\tilde{x}$ der wahren Größe x und seinen Fehler $\Delta \tilde{x}$? Antwort: $\tilde{x}$ ergibt sich als gewichteter Mittelwert der Einzelmessungen, dabei wird jede Messung um so stärker gewichtet, je kleiner ihr Fehler ist. Als Gewicht der Messung j wird das Inverse ihres Fehlerquadrats benutzt, also $g_j = 1/(\Delta x_j)^2$. Das Quadrat des Fehlers $\Delta \tilde{x}$ ist das Inverse der Summe aller Gewichte,

$$\tilde{x} = \frac{\sum_{j=1}^{n} g_j x_j}{\sum_{j=1}^{n} g_j} , \quad (\Delta \tilde{x})^2 = \left(\sum_{j=1}^{n} g_j \right)^{-1} .$$

Haben alle Einzelmessungen die gleiche Genauigkeit Δx, so vereinfacht sich das Ergebnis zu

$$\tilde{x} = \frac{1}{n} \sum_{j=1}^{n} x_j , \quad (\Delta \tilde{x}) = \frac{1}{\sqrt{n}} \Delta x .$$

1.4 Kleinste Quadrate

Die gerade angegebene Vorschrift zur Bestimmung von $\widetilde{x}$ folgt aus der auf
Legendre und Gauß zurückgehenden Forderung, dass die Summe der quadrier-
ten Abweichungen der Messwerte vom Schätzwert, jeweils dividiert durch die
entsprechenden Fehlerquadrate, minimal sein muss,

$$M = \sum_{j=1}^{n} \frac{(x_j - \widetilde{x})^2}{(\Delta x_j)^2} = \sum_{j=1}^{n} g_j (x_j - \widetilde{x})^2 = \min.$$

Man findet das Minimum durch Nullsetzen der Ableitung von M nach $\widetilde{x}$ und daraus
direkt den oben angegebenen Ausdruck für $\widetilde{x}$.

1.5 Anpassung (Fit) einer Funktion an Messdaten

Die Vorschrift der kleinsten Quadrate ermöglicht auch die Anpassung einer Funktion an Messdaten. Häufig tritt dieser Fall auf: Von Interesse ist die Abhängigkeit
einer Größe y von einer Größe t. (Hier mag t z.B. die zwischen zwei Punkten einer
Schaltung anliegende Spannung und y der zwischen den Punkten fließende Strom
sein.) Es werden nacheinander (nahezu) fehlerfrei die Werte $t_1, \ldots, t_n$ eingestellt
und dazu die Messwerte und Fehler $(y_1, \Delta y_1), \ldots, (y_n, \Delta y_n)$ bestimmt. Als Zu-
sammenhang zwischen t und y wird die Funktion $y = h(t)$ vermutet, z.B. die
lineare Funktion $h(t) = a + bt$. Ziel der Messung ist die Bestimmung der Funkti-
onsparameter, in unserem Beispiel der beiden Parameter a und b, im allgemeinen
Fall von r Parametern. Das gelingt mit der Forderung kleinster quadratischer
Abweichungen der Funktion von den Messwerten,

$$M = \sum_{i=j}^{n} \frac{(y_j - h(t_j))^2}{(\Delta y_j)^2} = \min.$$

1.6 Statistische Tests

Den beiden vorigen Beispielen liegt je eine Hypothese zu Grunde: Im ersten wurde
angenommen. alle x_i seien Messungen der gleichen Größe, im zweiten, die t und
y seien durch eine Funktion vorgegebenen Typs verknüpft. Die Größe M bietet eine Handhabe, diese Hypothese zu überprüfen. Trifft die Hypothese zu, so ist jeder
der Summanden in M von der Größenordnung 1 (Quadrat der Abweichung durch

Quadrat des Messfehlers). Man könnte vielleicht erwarten, dass M von der Größenordnung n sei. Es ist aber von der Größenordnung $f = n - r$. weil man aus den Messungen noch Information entnimmt, nämlich die r Parameter der Funktion $h(t)$ (im ersten Fall ist $h(t) = \tilde{x}$ und damit $r = 1$). Ist M größer als ein vorgegebener Wert, der seinerseits wesentlich größer als f ist, so wird man die Hypothese nicht aufrecht erhalten können. Das Verfahren heißt χ^2-Test (sprich: Chi-Quadrat-Test). Auf ähnliche Weise werden andere statistische Tests konstruiert: Aus Messwerten und Fehlern bildet man eine Testgröße. Wenn diese in einen vorgegebenen Bereich fällt, lehnt man die Hypothese ab.

Wahrscheinlichkeiten. Verteilungen 2

2.1 Wahrscheinlichkeitsrechnung

Das Ergebnis eines mit Zufälligkeit behafteten Versuchs nennen wir ein *Ereignis*.
Beim Wurf einer Münze sind zwei Ereignisse möglich. Die Münze zeigt entweder
Kopf (K) oder Zahl (Z). Jedem Ereignis A ordnen wir eine Zahl $P(A) \geq 0$ zu,
die *Wahrscheinlichkeit* dafür, dass bei Ausführung des Versuchs A eintritt. Mit E
bezeichnen wir das Ereignis, dass in jedem Versuch eintritt - in unserem Beispiel
„Kopf oder Zahl". Es erhält die Wahrscheinlichkeit $P(E) = 1$. Bezeichnen wir das
Ereignis „nicht A" mit $\bar{A}$, so schließen sich A und $\bar{A}$ offenbar gegenseitig aus. (Es
kann nicht gleichzeitig Kopf und Zahl fallen.) Dann gilt für die Wahrscheinlichkeit
des Ereignisses A *oder* $\bar{A}$: $P(A \text{ oder } \bar{A}) = P(E) = 1$. Damit ist $P(\bar{A}) = 1 - P(A)$.

Allgemein gilt für sich gegenseitig ausschließende Ereignisse A und B, dass
die Wahrscheinlichkeit $P(A \text{ oder } B)$ dafür, dass entweder A oder B eintritt, die
Summe der Einzelwahrscheinlichkeiten ist, $P(A \text{ oder } B) = P(A) + P(B)$. Bei der
idealen Münze ist offenbar $P(K) = P(Z) = \frac{1}{2}$, beim idealen Würfel ist die Wahrscheinlichkeit jedes der 6 möglichen Ergebnisse gleich $\frac{1}{6}$. Die Wahrscheinlichkeit
für den Wurf einer geraden Zahl ist dann $P(\text{gerade}) = P(2 \text{ oder } 4 \text{ oder } 6) =$
$P(2) + P(4) + P(6) = \frac{1}{6} + \frac{1}{6} + \frac{1}{6} = \frac{1}{2}$.

Für voneinander unabhängige Ereignisse (wie z.B. die Ergebnisse zweier
aufeinander folgender Würfe der gleichen Münze) gilt, dass $P(A \text{ und } B)$, die
Wahrscheinlichkeit für dass Eintreten von A und B, das Produkt der Einzelwahrscheinlichkeiten ist: $P(A \text{ und } B) = P(A)P(B)$ (Für unser Beispiel des doppelten
Münzwurfs: $P(K \text{ und } K) = P(K)P(K) = \frac{1}{2} \cdot \frac{1}{2} = \frac{1}{4}$.)

In den hier angesprochenen einfachen Beispielen konnten Zahlwerte für Wahrscheinlichkeiten aus den Symmetrieeigenschaften der Experimente erschlossen

© Springer Fachmedien Wiesbaden 2015
S. Brandt, *Analyse empirischer und experimenteller Daten*, essentials,
DOI 10.1007/978-3-658-10069-8_2

werden. Im allgemeinen ist das nicht der Fall. Man benutzt dann die *Häufigkeitsdefinition der Wahrscheinlichkeit*: Wenn aus N gleichartigen Experimenten n das Ergebnis A liefern, so ist n/N die *Häufigkeit* für das Eintreten von A. Als Wahrscheinlichkeit $P(A)$ dient die Häufigkeit im Grenzwert sehr vieler Experimente,

$$P(A) = \lim_{N \to \infty} \frac{n}{N}\,.$$

2.2 Zufallsvariable. Verteilungsfunktion. Wahrscheinlichkeitsdichte

Messwerte haben etwas zufälliges; wir nennen sie *Zufallsvariable* und bezeichnen sie mit Symbolen wie x, y, ... Die Wahrscheinlichkeit dafür, dass die Zufallsvariable x kleiner ist als ein vorgegebener Wert x, ist eine Funktion der (gewöhnlichen Variablen) x und heißt *Verteilungsfunktion*,

$$F(x) = P(\mathsf{x} < x)\,.$$

In der Praxis nehmen Messwerte nur endliche Zahlwerte an. Die Verteilungsfunktion ist also monoton ansteigend mit den Grenzwerten

$$\lim_{x \to -\infty} F(x) = 0, \quad \lim_{x \to \infty} F(x) = 1\,.$$

Wir unterscheiden zwischen *diskreten* und *kontinuierlichen* Zufallsvariablen. Erstere können nur diskrete Werte $x_1, x_2, \ldots, x_n$ annehmen (wie etwa die Augenzahlen des Würfels), letztere ein Kontinuum von Werten (z.B. die auf einer Analoguhr abgelesenen Zeiten). Für diskrete Zufallsvariable ist die Verteilungsfunktion eine Stufenfunktion und wir können jedem möglichen Wert x_i eine Wahrscheinlichkeit $P(x_i)$ zuordnen. Für kontinuierliche Zufallsvariable ist die Verteilungsfunktion gewöhnlich differenzierbar. Ihre Ableitung nach x heißt *Wahrscheinlichkeitsdichte* $f(x) = \mathrm{d}F(x)/\mathrm{d}x$. Die Wahrscheinlichkeit, dass eine Zufallsvariable Werte aus dem Intervall zwischen x und $x + \mathrm{d}x$ annimmt, ist offenbar $f(x)\mathrm{d}x$.

Als *Erwartungswert* $E(\mathsf{x})$ oder *Mittelwert* $\widehat{x}$ von x bezeichnen wir die die mit den Wahrscheinlichkeiten gewichtete Summe über alle möglichen Werte von x. Für kontinuierliche Zufallsvariable wird die Summe ein Integral. Also

$$E(\mathsf{x}) = \widehat{x} = \sum_{i=1}^{n} x_i P(\mathsf{x} = x_i) \quad \text{bzw.} \quad E(\mathsf{x}) = \widehat{x} = \int_{-\infty}^{\infty} x f(x)\,\mathrm{d}x\,.$$

Der Erwartungswert $E(H(\mathsf{x}))$ einer Funktion $H(\mathsf{x})$ der Zufallsvariablen x wird ganz entsprechend gebildet, indem man den Faktor x_i bzw. den Faktor x in den obigen Formeln durch $H(\mathsf{x}_i)$ bzw. $H(x)$ ersetzt. Die *Varianz* von x ist der Erwartungswert der quadratischen Abweichung vom Mittelwert,

$$\operatorname{var}(\mathsf{x}) = \sigma^2(\mathsf{x}) = E((\mathsf{x} - \widehat{x})^2)\,.$$

Ihre positive Quadratwurzel $\sigma(\mathsf{x}) = \sqrt{\sigma^2(\mathsf{x})}$ heißt *Standardabweichung*, *Streuung* oder *Breite* und wird mit dem Fehler der Messung identifiziert, $\sigma(\mathsf{x}) = \Delta x$.

Wählen wir $H(\mathsf{x}) = c\mathsf{x}$ mit $c = \text{const}$, so ergibt sich

$$E(c\mathsf{x}) = cE(\mathsf{x})\,, \quad \sigma^2(c\mathsf{x}) = c^2\sigma^2(\mathsf{x})$$

und damit

$$\sigma^2(\mathsf{x}) = E\{(\mathsf{x} - \widehat{x})^2\} = E\{\mathsf{x}^2 - 2\mathsf{x}\widehat{x} + \widehat{x}^2\} = E(\mathsf{x}^2) - \widehat{x}^2\,.$$

Es kann praktisch sein, statt der Zufallsvariablen x die *standardisierte Variable*

$$\mathsf{u} = \frac{\mathsf{x} - \widehat{x}}{\sigma(\mathsf{x})}$$

zu benutzen, die per Konstruktion den Erwartungswert $E(\mathsf{u}) = 0$ und die Varianz $\sigma^2(\mathsf{u}) = 1$ besitzt.

Mittelwert und Streuung sind wichtige Kenngrößen. Für kontinuierliche Zufallsvariablen führen wir noch weitere ein. Der *wahrscheinlichste Wert* (englisch: mode) x_m einer Verteilung ist als der Wert von x definiert, der der höchsten Wahrscheinlichkeit entspricht, $P(\mathsf{x} = x_\mathrm{m}) = \max$. Der *Median* $x_{0.5}$ einer Verteilung ist als derjenige Wert von x definiert, für den die Verteilungsfunktion den Wert $1/2$ hat,

$$F(x_{0.5}) = P(\mathsf{x} < x_{0.5}) = 0.5, \quad \int_{-\infty}^{x_{0.5}} f(x)\,\mathrm{d}x = 0.5\,.$$

Der Median teilt den Bereich der Zufallsvariablen in zwei Teilbereiche mit gleicher Wahrscheinlichkeit. Für besonders symmetrische Verteilungen fallen $x_\mathrm{m}, \widehat{x}$ und $x_{0.5}$ zusammen. Abbildung 2.1 zeigt eine Verteilung, bei der sie verschieden sind.

Eine nützliche Verallgemeinerung des Medians ist das *Quantil* x_q, gegeben durch

$$F(x_q) = \int_{-\infty}^{x_q} f(x)\,\mathrm{d}x = q, \quad 0 \leq q \leq 1\,.$$

Es teilt die Verteilung in einen Bereich der Wahrscheinlichkeit q und einen der Wahrscheinlichkeit $1 - q$.

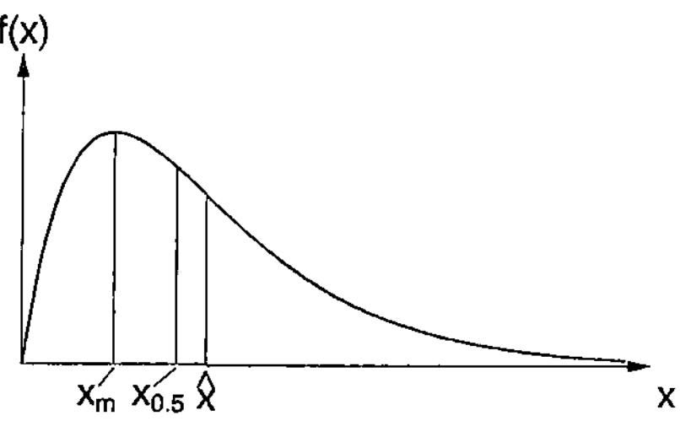

Abb. 2.1 Wahrscheinlichster Wert x_m, Mittelwert $\widehat{x}$ und Median $x_{0.5}$ einer unsymmetrischen Verteilung

Bei der gemeinsamen Betrachtung von Paaren von Messwerten, also von zwei Zufallsvariableen x_1, x_2 gilt für Verteilungsfunktion und Wahrscheinlichkeitsdichte (letztere ist nur für kontinuierliche Variable definiert)

$$F(x_1, x_2) = P(x_1 < x_1,\ x_2 < x_2)\,, \quad f(x_1, x_2) = \frac{\partial}{\partial x_1} \frac{\partial}{\partial x_2} F(x_1, x_2)\,.$$

Fragt man nach der Wahrscheinlichkeitsdichte jeweils nur einer Variablen unabhängig vom Wert der anderen, so erhält man die *Randverteilungen*

$$f_1(x_1) = \int_{-\infty}^{\infty} f(x_1, x_2)\,\mathrm{d}x_2, \quad f_2(x_2) = \int_{-\infty}^{\infty} f(x_1, x_2)\,\mathrm{d}x_1\,.$$

Analog zu der Unabhängigkeit von Ereignissen können wir jetzt die *Unabhängigkeit von Zufallsvariablen* definieren. Die Variablen x_1 und x_2 heißen unabhängig, wenn die gemeinsame Wahrscheinlichkeitsdichte beider gleich dem Produkt der Randverteilungen ist, $f(x_1, x_2) = f_1(x_1)f_2(x_2)$.

Als Erwartungswert einer Funktion $H(x_1, x_2)$ definieren wir

$$E\{H(x_1, x_2)\} = \int_{-\infty}^{\infty} \int_{-\infty}^{\infty} H(x_1, x_2)f(x_1, x_2)\,\mathrm{d}x_1\,\mathrm{d}x_2\,.$$

Daraus können wir die Erwartungswerte $E(x_1) = \widehat{x_1}$, $E(x_2) = \widehat{x_2}$ und die Varianzen $E\{(x_1 - \widehat{x_1})^2\} = \sigma^2(x_1)$, $E\{(x_2 - \widehat{x_2})^2\} = \sigma^2(x_2)$ bestimmen, die ganz dem Fall einer Variablen entsprechen. Neu ist die *Kovarianz*

$$E\{(x_1 - \widehat{x_1})(x_2 - \widehat{x_2})\} = \mathrm{cov}\,(x_1, x_2)\,,$$

die ein Maß für die gegenseitige Abhängigkeit der beiden Zufallsvariablen ist. Anstelle der Kovarianz benutzt man häufig den *Korrelationskoeffizienten*, dessen Werte nur zwischen -1 und 1 liegen können,

$$\rho(x_1, x_2) = \frac{\mathrm{cov}\,(x_1, x_2)}{\sigma(x_1)\sigma(x_1)}\,, \quad -1 \leq \rho(x_1, x_2) \leq 1\,.$$

Unabhängige Variable haben $\rho = 0$ und heißen *unkorreliert*.

Für mehrere Zufallsvariable vereinfachen sich die Formeln erheblich bei Benutzung von Vektoren und Matrizen. (Eine ausführliche Darstellung der Vektor- und Matrixrechnung finden Sie in [DA-A], Anhang A.) Wir fassen die Variablen $x_1, \ldots x_n$ zu einem Spaltenvektor $\mathbf{x}$ zusammen; transponiert wird er zum Zeilenvektor $\mathbf{x}^T$:

$$\mathbf{x} = \begin{pmatrix} x_1 \\ x_2 \\ \vdots \\ x_n \end{pmatrix}, \quad \mathbf{x}^T = (x_1, x_2, \ldots, x_n).$$

Die Erwartungswerte bilden den Spaltenvektor $E(\mathbf{x}) = \hat{\mathbf{x}}$, Die Matrix

$$C = E\{(\mathbf{x} - \hat{\mathbf{x}})(\mathbf{x} - \hat{\mathbf{x}})^T\}$$

heißt *Kovarianzmatrix*. Ihre Diagonalelemente $c_{ii} = \text{var}(x_i)$ sind die Varianzen der Variablen, die Nichtdiagonalelemente $c_{ij} = \text{cov}(x_i, x_j)$ sind die Kovarianzen von Paaren von Variablen. Offenbar ist $c_{ij} = c_{ji}$; die Kovarianzmatrix ist symmetrisch.

2.3 Fehlerfortpflanzung

Es sei die Kovarianzmatrix C_x der zum Vektor $\mathbf{x}$ zusammengefassten n Variablen x_i bekannt. Gefragt ist nach der Kovarianzmatrix C_y der r Variablen y_j, die Funktionen der x_i sind. Im Fall linearer Funktionen hat der Vektor $\mathbf{y}$ der y_j die Form

$$\mathbf{y} = T\mathbf{x} + \mathbf{a}.$$

Dabei ist T eine Matrix mit r Zeilen und n Spalten und $\mathbf{a}$ ein Vektor mit r Elementen. Für den Vektor der Erwartungswerte der y_j folgt

$$E(\mathbf{y}) = \hat{\mathbf{y}} = T\hat{\mathbf{x}} + \mathbf{a}.$$

Für die Kovarianzmatrix der y_j findet man nach kurzer Rechnung das *Gesetz der Fehlerfortpflanzung*

$$C_y = T C_x T^T.$$

Sind die y_j nichtlineare Funktionen der x_i, so können sie doch gewöhnlich im Bereich der Breiten um die Erwartungswerte durch eine nach dem linearen Glied abgebrochene Taylorentwicklung linearisiert werden. In dieser Näherung erhält man

$$y_i = y_i(\widehat{x}) + \left(\frac{\partial y_i}{\partial x_1}\right)_{x=\widehat{x}}(x_1 - \widehat{x}_1) + \cdots + \left(\frac{\partial y_i}{\partial x_n}\right)_{x=\widehat{x}}(x_n - \widehat{x}_n)$$

oder in Matrixschreibweise

$$\mathbf{y} = \mathbf{y}(\widehat{x}) + T(\mathbf{x} - \widehat{x}) \, .$$

Dabei sind die

$$t_{ij} = \left(\frac{\partial y_i}{\partial x_j}\right)_{x=\widehat{x}}$$

die Elemente der Transformationsmatrix T. Bei der Fehlerfortpflanzung müssen die Kovarianzen der Ausgangsgrößen unbedingt berücksichtigt werden. Nur wenn diese sämtlich null sind, also C_x diagonal ist, ist auch C_y diagonal. Nur dann gilt einfach

$$\sigma^2(y_i) = \sum_{j=1}^{n}\left(\frac{\partial y_i}{\partial x_j}\right)^2_{x=\widehat{x}} \sigma^2(x_j), \quad \text{also } \Delta y_i = \sqrt{\sum_{j=1}^{n}\left(\frac{\partial y_i}{\partial x_j}\right)^2 (\Delta x_j)^2} \, .$$

2.4 Gauß- oder Normalverteilung

Einen zentralen Platz in der Datenanalyse nimmt die *Gaußverteilung* oder *Normalverteilung* ein. In ihrer standardisierten Form, also mit Mittelwert 0 und Streuung 1, lautet ihre Wahrscheinlichkeitsdichte

$$f(x) = \phi_0(x) = \frac{1}{\sqrt{2\pi}} e^{-x^2/2} \, .$$

Sie ist in Abb. 2.2 dargestellt und hat eine Glockenform mit dem Maximum bei $x = 0$ und Wendepunkten bei $x = \pm 1$.

Die Normalverteilung mit Mittelwert $\widehat{x}$ und Standardabweichung σ hat die Wahrscheinlichkeitsdichte

$$f(x) = \phi(x) = \frac{1}{\sqrt{2\pi}\,\sigma} \exp\left\{-\frac{(x - \widehat{x})^2}{2\sigma^2}\right\} \, .$$

Die Gaußverteilung erhält ihre besondere Bedeutung durch den *zentralen Grenzwertsatz*, der aussagt, dass viele zufällige Größen sich zu einer Größe addieren, die normal verteilt ist. Genauer lautet er: Sind die x_i unabhängige Zufallsvariable mit

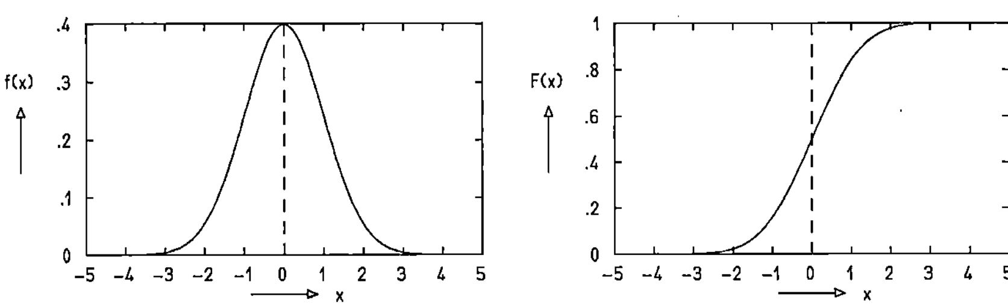

Abb. 2.2 Wahrscheinlichkeitsdichte (*links*) und Verteilungsfunktion (*rechts*) der standardisierten Normalverteilung

Mittelwert a und Varianz b^2, so ist die Variable $\mathsf{X} = \sum_{i=1}^{n} \mathsf{X}_i$ im Limes $n \to \infty$ normal verteilt mit dem Mittelwert $E(\mathsf{X}) = na$ und der Varianz $\sigma^2(\mathsf{X}) = nb^2$. Man kann die Tatsache, dass die statistischen Fehler kontinuierlicher Messgrößen oft normal verteilt sind, auf eine Summe vieler kleiner Abweichungen (mit Mittelwert null) vom wahren Wert zurückführen.

Viele Rechnungen der Datenanalyse beruhen auf der Annahme normal verteilter Fehler. Als Fehler wird dabei die Standardabweichung der Verteilung genommen. Man beachte, dass ein Messwert X durchaus um mehr als eine Standardabweichung vom Mittelwert der Verteilung abweichen kann. Es gelten folgende Wahrscheinlichkeiten, dafür dass X höchsten eine, zwei oder drei Standardabweichungen von $\widehat{x}$ entfernt ist:

$$P(|\mathsf{X}{-}\widehat{x}| \leq \sigma) = 68.3\,\% , \quad P(|\mathsf{X}{-}\widehat{x}| \leq 2\sigma) = 95.4\,\% , \quad P(|\mathsf{X}{-}\widehat{x}| \leq 3\sigma) = 99.8\,\% .$$

Grafisch wird der Fehler durch einen *Fehlerbalken* dargestellt, der um den Messwert zentriert ist und die Länge 2σ hat. Er steht symbolisch für eine Gaußverteilung der Standardabweichung σ.

Abbildung 2.3 zeigt die Wahrscheinlichkeitsdichte einer Normalverteilung von zwei Variablen. Sie ist durch die beiden Mittelwerte $\widehat{x}_1$, $\widehat{x}_2$, die Varianzen σ_1^2, σ_2^2 und die Kovarianz bzw. den Korrelationskoeffizienten bestimmt. Im Fall verschwindender Kovarianz ist sie einfach das Produkt zweier Normalverteilungen, die auch die Randverteilungen sind. Bei nichtverschwindender Kovarianz bleiben die Randverteilungen erhalten, die Verteilung selbst aber verschiebt sich derart, das bei positiver (negativer) Varianz solche Bereiche wahrscheinlicher sind, in denen $x_1 - \widehat{x}_1$ das gleiche (entgegengesetzte) Vorzeichen hat wie $x_2 - \widehat{x}_2$.

Zur Beschreibung einer Normalverteilung von n Variablen benutzen wir die Ende des Abschn. 2.2 eingeführte Vektor- und Matrixschreibweise. Wir bilden die

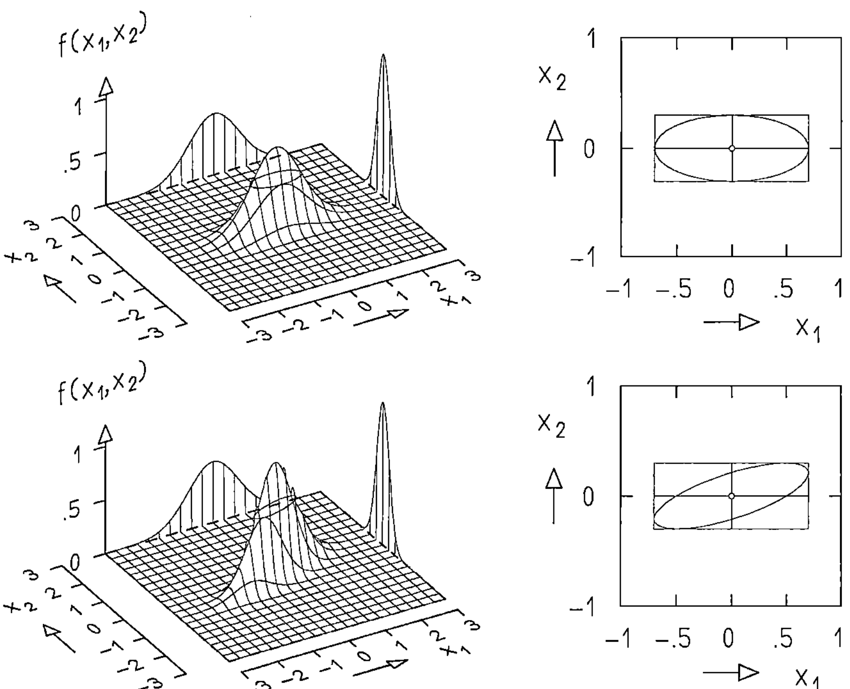

Abb. 2.3 Wahrscheinlichkeitsdichte $f(x_1, x_2)$ einer Gauß-Verteilung von zwei Variablen mit Randverteilungen $f_1(x_1)$ am oberen und $f_2(x_2)$ am rechten Rand der Darstellung (*linke Spalte*) und zugehörige Kovarianzellipse (*rechte Spalte*). Die zwei Zeilen der Abbildung unterscheiden sich nur durch den Zahlwert des Korrelationskoeffizient ρ. Für die obere Zeile ist $\rho = 0$, für die untere $\rho = 0.7$. Das die Kovarianzellipse umschreibende Rechteck hat die Kantenlängen $2\sigma_1$ und $2\sigma_2$

Funktion

$$g(\mathbf{x}) = (\mathbf{x} - \widehat{\mathbf{x}})^{\mathrm{T}} B (\mathbf{x} - \widehat{\mathbf{x}}) \,, \quad B = C^{-1} \,.$$

Die gemeinsame Wahrscheinlichkeitsdichte ist dann

$$f(\mathbf{x}) = k \exp\{-\tfrac{1}{2} g(\mathbf{x})\} \,, \quad k = \left(\frac{\det B}{(2\pi)^n} \right)^{\frac{1}{2}} \,.$$

Hier ist det B die Determinante der Matrix B, welche ihrerseits die Inverse der Kovarianzmatrix C ist. Setzt man $g(\mathbf{x}) = 1$, so ist $f(\mathbf{x})$ eine Konstante. Angewandt auf den Fall von zwei Variablen in Abb. 2.3 entspricht das einem horizontalen

Schnitt durch die dargestellte Fläche. Die Schnittlinie ist die *Kovarianzellipse*. Sie ist einem Rechteck einbeschrieben, dessen Kantenlängen die zweifachen Standardabweichungen sind. Ohne Korrelation sind die Hauptachsen der Ellipse parallel zur x_1- bzw. x_2-Achse. Je größer der Betrag des Kovarianz, je mehr nähern sie sich einer der beiden Rechteckdiagonalen an. Im Grenzfall $\rho \to \pm 1$ entartet die Ellipse zu einer der Diagonalen. Grafisch wird die gemeinsame Messung zweier Variablen durch durch einen Punkt in der x_1, x_2 Ebene mit einem Kreuz aus beiden Fehlerbalken und - bei nicht verschwindender Korrelation - einer Kovarianzellipse wiedergegeben.

2.5 Binomial- und Poisson-Verteilung

Ein Versuch führe nur zu den Ergebnissen A bzw. $\bar{A}$, und zwar mit den Wahrscheinlichkeiten p bzw. $1 - p = q$. Der Versuch werde n mal ausgeführt. Wir bezeichnen das Ergebnis der Versuchs i mit $\mathsf{x}_i = 1$ bzw. $\mathsf{x}_i = 0$ bei A bzw. $\bar{A}$, das Ergebnis einer Versuchsreihe mit $\mathsf{x} = \sum_{i=1}^{n} \mathsf{x}_i$ und fragen nach der Wahrscheinlichkeit $P(k)$, dass $\mathsf{x} = k$, dass also bei n Versuchen k mal A auftritt. Offenbar kann k nur Werte $0 \le k \le n$ annehmen. Man findet

$$P(k) = \binom{n}{k} p^k q^{n-k} \;\; \text{mit} \;\; \binom{n}{k} = \frac{n!}{k!(n-k)!} \,, \;\; n! = 1 \cdot 2 \cdots n, \;\; 0! = 1! = 1.$$

Abbildung 2.4 zeigt die *Binomialverteilung* für $n = 10$ und verschiedene Werte von p. Für $p = 0.5$ ist sie symmetrisch und entspricht dem Wurf einer idealen Münze. Für Erwartungswert und Varianz der Verteilung findet man

$$E(\mathsf{k}) = np \,, \;\; \sigma^2(\mathsf{k}) = npq = np(1 - p).$$

Gehen wir zu sehr vielen Versuchen über ($n \to \infty$) und halten dabei das Produkt $\lambda = np$ fest, so geht die Binomialverteilung in die *Poisson-Verteilung* über. Für sie gilt

$$P(k) = \frac{\lambda^k}{k!} e^{-\lambda} \,, \;\; E(\mathsf{k}) = \lambda \,, \;\; \sigma^2(\mathsf{k}) = \lambda.$$

Abbildung 2.4 zeigt die Poisson-Verteilung für verschiedene Werte des Parameters λ. Sie ist ausgeprägt asymmetrisch für kleine λ, nähert sich aber mit wachsendem λ immer mehr einer symmetrischen Glockenform.

Für große n und Werte von p nicht zu nahe bei 0 oder 1 ist die Wahrscheinlichkeit $P(k)$ der Binomialverteilung für sehr viele Werte von k deutlich von null

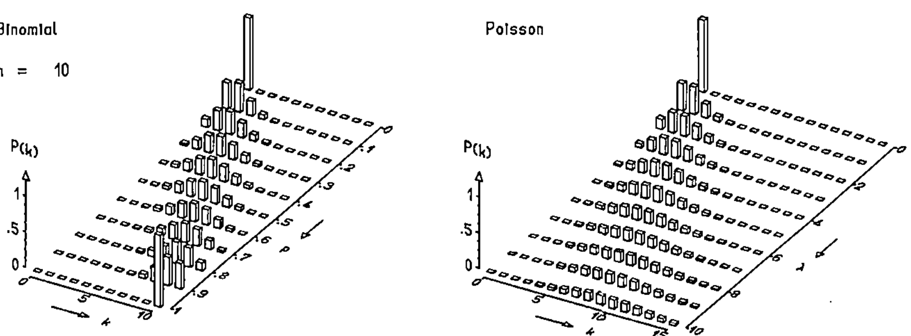

Abb. 2.4 *Links*: Binomialverteilungen zu festem n, aber verschiedenen p. *Rechts*: Poisson-Verteilungen zu verschiedenen λ

verschieden und hat eine Glockenform um den Mittelwert np mit der Breite $\sqrt{npq}$. Sie entspricht einer Normalverteilung mit diesen Kenngrößen. (Auf den formalen Grenzübergang von der diskreten Variablen k zu einer kontinuierlichen Variablen verzichten wir hier.) Ganz entsprechend geht für große λ die Poisson-Verteilung in eine Normalverteilung über. Grund ist in beiden Fällen der zentrale Grenzwertsatz.

2.6 Faltung von Verteilungen

Folgen die Zufallsvariablen x_1 und x_2 Verteilungen mit den Wahrscheinlichkeitsdichten $f_1(x_1)$ bzw. $f_2(x_2)$ so wird die Summe $x = x_1 + x_2$ durch eine Wahrscheinlichkeitsdichte $f(x)$ beschrieben. Man spricht von der *Faltung* zweier Verteilungen.

Insbesondere gilt für die Faltung zweier Gaußverteilungen mit Mittelwert Null, aber verschiedenen Varianzen σ_1^2 und σ_2^2, dass sie wieder eine Gaußverteilung mit dem gleichen Mittelwert, aber der Varianz $\sigma^2 = \sigma_1^2 + \sigma_2^2$ ist. Treten bei einer Messung mehrere unabhängige, normal verteilte Fehler $\Delta x_1, \Delta x_2, \ldots, \Delta x_n$ auf, so gilt für den Gesamtfehler Δx deshalb die Regel von der *quadratischen Addition der Einzelfehler*,

$$(\Delta x)^2 = (\Delta x_1)^2 + (\Delta x_2)^2 + \ldots + (\Delta x_n)^2 .$$

Die Faltung von zwei Poisson-Verteilungen mit den Parametern λ_1 und λ_2 ist eine Poisson-Verteilung mit dem Parameter $\lambda = \lambda_1 + \lambda_2$.

Messungen als Stichproben 3

3.1 Schätzungen

In Kap. 2 haben wir Verteilungen kennengelernt, aber nicht erklärt, wie diese im Einzelfall realisiert werden. Wir haben nur die Wahrscheinlichkeit (die aber noch von unbekannten Parametern abhängt) dafür angegeben, dass eine Zufallsvariable in einem bestimmten Intervall liegt. Wir haben also keine direkte Kenntnis der Wahrscheinlichkeitsverteilung und müssen sie durch eine experimentell beschaffte *Häufigkeitsverteilung* annähern. Die Gesamtheit der Einzelexperimente mit den Ergebnissen $x_1, x_2, \cdots, x_n$, die zu diesem Zweck angestellt werden, heißt eine *Stichprobe*. Jeder Parameter der Verteilung kann durch eine *Schätzfunktion* $S = S(x_1, x_2, \ldots, x_n)$ abgeschätzt werden, die aus den Elementen der Stichprobe gebildet wird. Wichtig ist, dass die Elemente der Stichprobe *unabhängig* voneinander sind, d.h. dass die Messung eines bestimmten Wertes x_i keinen Einfluss auf die übrigen Messungen hat. Eine Schätzung heißt *unverzerrt*, wenn bei beliebig großem Umfang der Stichprobe der Erwartungswert der (zufälligen) Größe S gleich dem zu schätzenden Parameter ist, also $E\{S(x_1, x_2, \ldots, x_n)\} = \lambda$ für jedes n. Eine Schätzung heißt *konsistent*, wenn ihre Streuung im Grenzwert sehr großen Stichprobenumfangs verschwindet. Oft kann man eine untere Schranke für die Streuung der Schätzung eines Parameters angeben. Findet man eine Schätzung, deren Streuung gleich dieser Schranke ist, so hat man offenbar um die „beste aller möglichen" Schätzungen; sie heißt *effektive Schätzung*.

Eine unverzerrte, konsistente und effektive Schätzung für den Mittelwert $\hat{x}$ der gesuchten Verteilung ist der *Mittelwert der Stichprobe*

$$\bar{x} = \frac{1}{n}(x_1 + x_2 + \cdots + x_n).$$

© Springer Fachmedien Wiesbaden 2015
S. Brandt, *Analyse empirischer und experimenteller Daten,* essentials,
DOI 10.1007/978-3-658-10069-8_3

Eine Schätzung mit den gleichen Eigenschaften für die Varianz $\sigma^2(x)$ der Verteilung ist die *Varianz der Stichprobe*

$$s^2(x) = \frac{1}{n-1}\{(x_1 - \bar{x})^2 + (x_2 - \bar{x})^2 + \cdots + (x_n - \bar{x})^2\}.$$

Der vielleicht unerwartete Faktor $n - 1$ an Stelle von n im Nenner rührt daher, dass $\bar{x}$ in die Rechnung eingeht und vorher aus der Stichprobe entnommen werden muss. Diese Ergebnisse begründen die Antwort in Beispiel 2 der Einleitung.

Als Schätzung für die *Varianz des Mittelwertes* erhalten wir

$$s^2(\bar{x}) = \frac{1}{n}s^2(x) = \frac{1}{n(n-1)}\sum_{i=1}^{n}(x_i - \bar{x})^2.$$

Die zugehörige Standardabweichung können wir als *Fehler des Mittelwertes* betrachten,

$$\Delta\bar{x} = \sqrt{s^2(\bar{x})} = s(\bar{x}) = \frac{1}{\sqrt{n}}s(x).$$

3.2   Messung durch Abzählung

Eine Abzählung entspricht gewöhnlich der Entnahme einer Stichprobe aus einer Poisson-Verteilung. (Sehr viele (n) Personen gehen am Kaufhaus vorbei. Die Wahrscheinlichkeit p dafür, dass eine davon eintritt, ist klein. Der Erwartungswert für die Anzahl der Eintretenden k ist $\lambda = np$, die Standardabweichung der Poisson-Verteilung mit dem Parameter λ ist $\sigma(k) = \sqrt{\lambda}$.) Für das Ergebnis der Abzählung und seinen Fehler können wir deshalb schreiben

$$k \pm \sqrt{k}$$

und erhalten so die Begründung für die Antwort in Beispiel 1 der Einleitung. Das gilt aber nur für nicht zu kleine k, weil die Breite der Poisson-Verteilung von deren Erwartungswert abhängt. Für kleine k wird der Fehler deutlich asymmetrisch.

3.3   Grafiken

Abbildung 3.1 zeigt vier Grafiken, die in verschiedener Form die Information in einer Stichprobe mit 100 Elementen wiedergeben. In einem eindimensionalen *Streudiagramm* (Abb. 3.1a) ist jeder Stichprobenwert x_i als Strich senkrecht zur

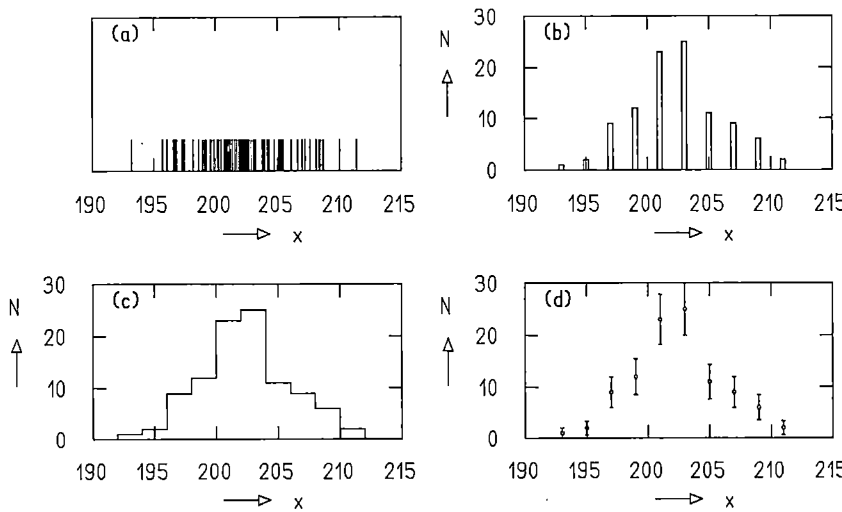

Abb. 3.1 Darstellung einer Stichprobe als eindimensionales Streudiagramm (**a**), Balkendiagramm (**b**), Stufendiagramm (**c**) und als Diagramm von Messpunkten mit Fehlerbalken (**d**)

x-Achse aufgetragen; es enthält die volle in der Stichprobe enthaltene Information. Anschaulicher ist allerdings ein *Histogramm*. Es wird erstellt, indem man die Abszisse x in Intervalle der Breite Δx einteilt und die Anzahl der Elemente in jedem Intervall in Richtung der Ordinate aufträgt. Ein Histogramm kann als *Balkendiagramm* (Abb. 3.1b) oder *Stufendiagramm* (Abb. 3.1c) dargestellt werden. Schließlich kann man auch Messpunkte mit Fehlerbalken darstellen (Abb. 3.1d). Als Fehler wurde hier die Wurzel des Intervallinhalts benutzt.

3.4 χ^2-Verteilung

Wir entnehmen eine Stichprobe $x_1, x_2, \ldots, x_n$ aus der standardisierten Gaußverteilung und interessieren uns für die Summe der Quadrate der Elemente der Stichprobe

$$x^2 = x_1^2 + x_2^2 + \cdots + x_n^2.$$

Die Wahrscheinlichkeitsdichte, der die Zufallsvariable x^2 folgt, heißt χ^2-Verteilung und wird mit $f(\chi^2)$ bezeichnet. (Das Symbol χ^2 (Chi-Quadrat) wurde von K. Pearson eingeführt. Obwohl es einen Exponenten enthält, der an seinen Ursprung als

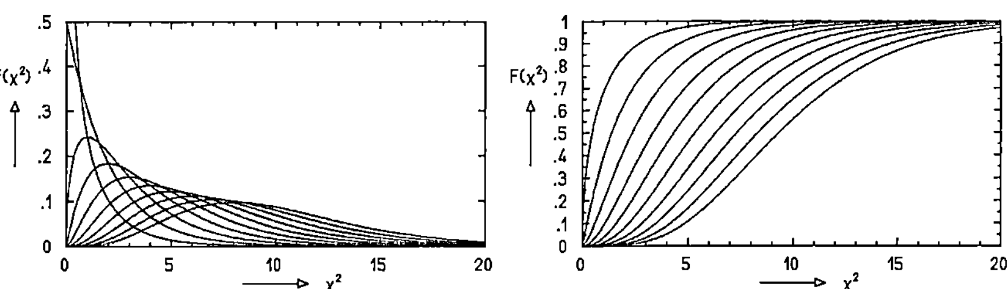

Abb. 3.2 *Links*: Wahrscheinlichkeitsdichte von χ^2 für die Freiheitsgrade $n = 1, 2, \ldots, 10$. Mit wachsendem n verschiebt sich der Erwartungswert $E(\chi^2) = n$ nach rechts. *Rechts*: Die entsprechende Verteilungsfunktion. Für $n = 1$ entspricht sie der Kurve ganz links, für $n = 10$ der Kurve ganz rechts. Das Quantil χ_q^2 findet man als Abszisse des Schnittpunkts einer Kurve $F = F(\chi^2)$ mit der Horizontalen $F = q$

Quadratsumme erinnert, wird es wie eine gewöhnliche Variable behandelt.) Die Zahl n der Summanden heißt *Zahl der Freiheitsgrade* der Verteilung. Um $f(\chi^2)$ angeben zu können, führen wir zunächst als Abkürzungen ein

$$\lambda = \frac{1}{2}n, \quad \frac{1}{\Gamma(\lambda)2^\lambda} = k.$$

Dabei ist $\Gamma(\lambda)$ die *Eulersche Gamma-Funktion*, die wir offenbar nur für halb- und ganzzahlige Argumente brauchen. Diese Funktionswerte lassen sich aus der Funktionalgleichung $\Gamma(x + 1) = x\Gamma(x)$ und aus $\Gamma(\frac{1}{2}) = \sqrt{\pi}$, $\Gamma(1) = 1$ berechnen. Man erhält für die Wahrscheinlichkeitsdichte $f(\chi^2)$ und die Verteilungsfunktion $F(\chi^2)$

$$f(\chi^2) = k(\chi^2)^{\lambda-1}e^{-\frac{1}{2}\chi^2}, \quad F(\chi^2) = \int_0^{\chi^2} f(\chi^2)\,d\chi^2.$$

Abbildung 3.2 zeigt Wahrscheinlichkeitsdichte und Verteilungsfunktion der χ^2-Verteilung. Für $n = 1$ hat $f(\chi^2)$ eine Polstelle bei $\chi^2 = 0$, für $n = 2$ ist $f(\chi^2)$ eine abfallende Exponentialfunktion, für $n \geq 3$ hat $f(\chi^2)$ eine asymmetrische Glockenform, die sich mit größer werdendem n einer Normalverteilung nähert.

3.5 χ^2-Test

Wir kommen zurück zu Beispiel 6 der Einleitung, das seinerseits auf die Beispiele 4 und 5 Bezug nimmt, in denen eine Quadratsumme M erscheint, die die Eigenschaften der Größe χ^2 des letzten Abschnitts hat. M folgt augenscheinlich einer

χ^2-Verteilung mit $f = n - r$ Freiheitsgraden. Dabei ist n die Zahl der Messungen und r die Zahl der daraus entnommenen Parameter. Allerdings folgt die Größe M nur dann der χ^2-Verteilung, wenn die sogenannte *Nullhypothese* zutrifft, die bei der Analyse zur Beschreibung der Daten verwendet wurde. (In Beispiel 4 ist es die Annahme, dass alle x_j tatsächlich Messwerte der gleichen Größe sind, und im Beispiel 5, dass die die y_j Messungen von $h(t_j)$ sind.) Außerdem müssen die in M auftretenden Fehler richtig abgeschätzt und um Null normal verteilt sein. Der χ^2-Test erlaubt eine Aussage darüber, ob die Nullhypothese - einschließlich der Annahmen über die Fehler - falsch ist.

Dazu geben wir uns eine kleine Wahrscheinlichkeit α vor, die *Signifikanzniveau* heißt, z.B. $\alpha = 0.05$. Nun ist nach Abschn. 2.2 das Quantil $\chi^2_{1-\alpha}$ derjenige Wert von χ^2, der die χ^2-Verteilung im Verhältnis $(1 - \alpha){:}\alpha$ teilt; Werte $\chi^2 > \chi^2_{1-\alpha}$ werden nur mit der geringen Wahrscheinlichkeit α angenommen, wenn unsere Nullhypothese richtig ist. Wir lehnen also die Nullhypothese ab, wenn $M > \chi^2_{1-\alpha}$, machen dabei allerdings mit der Wahrscheinlichkeit α einen Fehler, den sogenannten *Fehler erster Art*. Einen *Fehler zweiter Art* machen wir, wenn wir die Nullhypothese nicht ablehnen, weil $M \leq \chi^2_{1-\alpha}$, obwohl statt ihrer eine *Alternativhypothese* zutrifft. Die Eigenschaften solcher Alternativhypothesen hängen von der jeweiligen experimentellen Situation ab und lassen sich deshalb hier nicht behandeln.

Die Methode der kleinsten Quadrate 4

In den Beispielen 3 und 4 der Einleitung haben wir die Bearbeitung direkter Messungen gleicher und verschiedener Genauigkeit besprochen.

4.1 Indirekte Messungen. Linearer Fall

Beispiel 5 der Einleitung behandelte die Anpassung einer Funktion an Messdaten. Dabei dienen die Daten dazu, die die Funktion charakterisierenden Parameter zu bestimmen. Man spricht von *indirekten Messungen*. Es liegen Messdaten y_j vor; sie weichen von den unbekannten wahren Werten η_j um die ebenfalls unbekannten Fehler ε_j ab, $y_j = \eta_j + \varepsilon_j$. Die ε_j entstammen einer Normalverteilung mit Mittelwert null und Varianz σ_j^2, also $E(\varepsilon_j) = 0$ und $E(\varepsilon_j^2) = \sigma_j^2 = 1/g_j$. Die σ_j seien bekannt; sie sind die Messfehler und die g_j sind die Gewichte der einzelnen Messungen. Von den η_j wird angenommen, dass sie gleich den Werten h_j der anzupassenden Funktion seien; wir schreiben $f_j = \eta_j - h_j = 0$. Wir nehmen hier an, dass f linear in einer Anzahl noch zu bestimmender Parameter x_i ($i = 1, 2, \ldots, r$) sei,

$$f_j = \eta_j + a_{j0} + a_{j1}x_1 + a_{j2}x_2 + \cdots + a_{jr}x_r = 0, \quad j = 1, 2, \ldots, n .$$

Wir erhalten kompaktere Ausdrücke, wenn wir die jeweils n Größen η_j, y_j und ε_j zu Spaltenvektoren $\boldsymbol{\eta}$, $\boldsymbol{y}$ und $\boldsymbol{\varepsilon}$ zusammenfassen und noch folgende Vektoren und Matrizen einführen:

$$\mathbf{x} = \begin{pmatrix} x_1 \\ x_2 \\ \vdots \\ x_r \end{pmatrix}, \quad \mathbf{a}_0 = \begin{pmatrix} a_{10} \\ a_{20} \\ \vdots \\ a_{n0} \end{pmatrix}, \quad \mathbf{c} = \mathbf{y} + \mathbf{a}_0, \quad A = \begin{pmatrix} a_{11} & a_{12} & \cdots & a_{1r} \\ a_{21} & a_{22} & \cdots & a_{2r} \\ \vdots & & & \\ a_{n1} & a_{n2} & \cdots & a_{nr} \end{pmatrix},$$

© Springer Fachmedien Wiesbaden 2015
S. Brandt, *Analyse empirischer und experimenteller Daten*, essentials,
DOI 10.1007/978-3-658-10069-8_4

$$C_y = \begin{pmatrix} \sigma_1^2 & & & 0 \\ & \sigma_2^2 & & \\ & & \ddots & \\ 0 & & & \sigma_n^2 \end{pmatrix}, \quad G_y = C_y^{-1} = \begin{pmatrix} g_1 & & & 0 \\ & g_2 & & \\ & & \ddots & \\ 0 & & & g_n \end{pmatrix}.$$

Die Messungen sind als unabhängig voneinander angenommen. Deshalb sind die Kovarianzmatrix C_y und die Gewichtsmatrix G_y diagonal. Damit erhält das obige Gleichungssystem die Form

$$\mathbf{f} = \eta + \mathbf{a}_0 + A\mathbf{x} = \mathbf{y} - \varepsilon + \mathbf{a}_0 + A\mathbf{x} = A\mathbf{x} + \mathbf{c} - \varepsilon = 0.$$

Damit ist

$$\varepsilon = \mathbf{c} + A\mathbf{x}.$$

Da nun die ε_j die Abweichungen zwischen Messwerten und wahren Werten sind und die σ_j deren Standardabweichungen, muss nach der Vorschrift der kleinsten Quadrate die Quadratsumme der Quotienten ε_j/σ_j minimiert werden,

$$M = \sum_{j=1}^{n} \frac{\varepsilon_j^2}{\sigma_j^2} = \sum_{j=1}^{n} \frac{(c_j + \mathbf{a}_j^T\mathbf{x})^2}{\sigma_j^2} = \min,$$

oder - in Matrixschreibweise -

$$M = (\mathbf{c} + A\mathbf{x})^T G_y (\mathbf{c} + A\mathbf{x}) = \min.$$

Diese Forderung ist erfüllt, wenn die partiellen Ableitungen nach den x_i verschwinden, d. h., wenn $\partial M/\partial x_i = 0$, $i = 1, 2, \ldots r$. Das führt zu

$$2A^T G_y (\mathbf{c} + A\mathbf{x}) = 0.$$

Für $r \leq n$ kann dieses Gleichungssystem aufgelöst werden. Die Lösung

$$\widetilde{\mathbf{x}} = -(A^T G_y A)^{-1} A^T G_y \mathbf{c}$$

liefert Schätzungen $\widetilde{x}_i$ für die zunächst unbekannten Parameter x_i. Nach den Regeln der Fehlerfortpflanzung ergibt sich für deren Kovarianzmatrix

$$C_x = (A^T G_y A)^{-1}.$$

Auch für die wahren Werte η ergeben sich Schätzungen,

$$\widetilde{\eta} = A(A^T G_y A)^{-1} A^T G_y \mathbf{c} - \mathbf{a}_0,$$

die als *verbesserte* oder *ausgeglichene Messungen bezeichnet werden*. Sie haben die Kovarianzmatrix

$$C_{\widetilde{\eta}} = A\, C_{\widetilde{x}} A^T.$$

Tab. 4.1 Daten für Anpassung einer Geraden

j	1	2	3	4
t_j	0.0	1.0	2.0	3.0
y_j	1.4	1.5	3.7	4.1
σ_j	0.5	0.2	1.0	0.5

4.2 Beispiel: Anpassung einer Geraden

Wir betrachten die Anpassung einer Geraden an eine Anzahl von Messungen y_j bei verschiedenen Werten t_j einer als fehlerfrei angenommenen sogenannten *kontrollierten Variablen t*. Für die η_j ergeben sich die einfachen Gleichungen

$$\eta_j = y_j - \varepsilon_j = x_1 + x_2 t_j \,.$$

Dabei sind x_1 der Achsenabschnitt und x_2 die Steigung der Geraden, die wir zu einem Vektor x zusammenfassen. Die Daten unseres Beispiel sind in Tab. 4.1 zusammengefasst.

Der Vergleich mit Abschn. 4.1 liefert $a_0 = 0$,

$$A = -\begin{pmatrix} 1 & t_1 \\ 1 & t_2 \\ 1 & t_3 \\ 1 & t_4 \end{pmatrix} = -\begin{pmatrix} 1 & 0 \\ 1 & 1 \\ 1 & 2 \\ 1 & 3 \end{pmatrix}, \quad y = \begin{pmatrix} 1.4 \\ 1.5 \\ 3.7 \\ 4.1 \end{pmatrix}, \quad G_y = \begin{pmatrix} 4 & & & \\ & 25 & & \\ & & 1 & \\ & & & 4 \end{pmatrix}.$$

Die Rechnung lässt sich von Hand durchführen und ist in [DA], Abschn. 9.3, wiedergegeben. Wir beschränken uns hier auf die graphische Darstellung der Ergebnisse in Abb. 4.1. Die Messungen y_j sind als Funktionen der Variablen t gezeichnet. Die senkrechten Balken deuten die Messfehler an. Sie erstrecken sich über den Bereich $y_j \pm \sigma_j$. Die eingezeichnete Gerade entspricht dem Ergebnis $\tilde{x}_1$, $\tilde{x}_2$. Die verbesserten Messungen liegen auf dieser Geraden. Sie sind in Abb. 4.1b zusammen mit den Restfehlern $\Delta\tilde{\eta}_j$ eingezeichnet. Um die Ungenauigkeit der Schätzung $\tilde{x}_1$, $\tilde{x}_2$ zu veranschaulichen, betrachten wir die Kovarianzmatrix $C_{\tilde{x}}$. Sie bestimmt eine Kovarianzellipse in einer Ebene, die von den Variablen x_1, x_2 aufgespannt wird. Diese Ellipse ist im Abb. 4.1c gezeichnet. Punkte auf der Ellipse entsprechen Anpassungen gleicher Wahrscheinlichkeit. Jeder solche Punkt bestimmt eine Gerade in der (t, y)-Ebene. Einige Punkte sind in Abb. 4.1c besonders hervorgehoben und die entsprechenden Geraden im Abb. 4.1d gezeichnet.

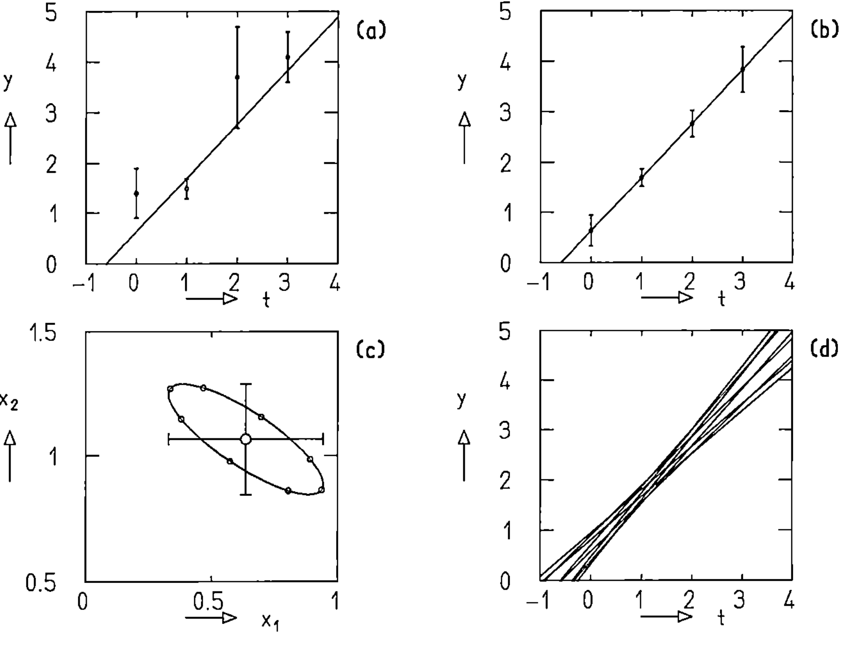

Abb. 4.1 Anpassung einer Geraden an die Daten aus Tab. 4.1. **a** Ursprüngliche Messwerte und Fehler, **b** ausgeglichene Messwerte und Restfehler, **c** Kovarianzellipse der angepassten Größen x_1, x_2, **d** Verschiedene Geraden, die einzelnen Punkten der Kovarianzellipse entsprechen

Für die Minimumfunktion ergibt sich $M = 4.507$. Mit diesem Ergebnis können wir einen χ^2-Test über die Güte der Anpassung einer Geraden an unsere Daten ausführen. Da wir von $n = 4$ Messpunkten ausgegangen sind und $r = 2$ unbekannte Parameter bestimmt haben, stehen noch $n - r = 2$ Freiheitsgrade zur Verfügung. Wählen wir ein Signifikanzniveau von 5 %, so finden wir aus Abb. 3.2 oder [DA-A], Tab I.7, für 2 Freiheitsgrade $\chi^2_{0.95} = 5.99$. Damit besteht kein Grund, die Anpassung einer Geraden anzulehnen.

4.3   Indirekte Messungen. Nichtlinearer Fall

Im Allgemeinen hängt die anzupassende Funktion nicht nur linear von den unbekannten Parametern ab. Wir haben dann die Ausgangsgleichungen

$$f_j(\mathbf{x}, \boldsymbol{\eta}) = \eta_j - h_j(\mathbf{x}) = 0 \,, \quad j = 1, 2, \ldots, n \,.$$

Wir können diesen Fall jedoch auf den linearen zurückführen, wenn wir die f_j nach Taylor entwickeln und die entstandene Reihe nach dem ersten Glied abbrechen. Wir führen die Reihenentwicklung an dem „Punkt" $\mathbf{x}_0 = (x_{10}, x_{20}, \ldots, x_{r0})$ durch, der eine erste Näherung der Unbekannten darstellt, die man sich auf irgendeine Weise verschafft hat,

$$f_j(\mathbf{x}, \boldsymbol{\eta}) = f_j(\mathbf{x}_0, \boldsymbol{\eta}) + \left(\frac{\partial f_j}{\partial x_1}\right)_{\mathbf{x}_0} (x_1 - x_{10}) + \cdots + \left(\frac{\partial f_j}{\partial x_r}\right)_{\mathbf{x}_0} (x_r - x_{r0}) \,.$$

Definieren wir jetzt

$$\boldsymbol{\xi} = \mathbf{x} - \mathbf{x}_0 = \begin{pmatrix} x_1 - x_{10} \\ x_2 - x_{20} \\ \vdots \\ x_r - x_{r0} \end{pmatrix} \,,$$

$$a_{j\ell} = \left(\frac{\partial f_j}{\partial x_\ell}\right)_{\mathbf{x}_0} \,, \quad A = \begin{pmatrix} a_{11} & a_{12} & \cdots & a_{1r} \\ a_{21} & a_{22} & \cdots & a_{2r} \\ \vdots & & & \\ a_{n1} & a_{n2} & \cdots & a_{nr} \end{pmatrix} \,, \quad c_j = f_j(\mathbf{x}_0, \mathbf{y}) \,, \quad \mathbf{c} = \begin{pmatrix} c_1 \\ c_2 \\ \vdots \\ c_n \end{pmatrix} \,,$$

so erhalten wir

$$f_j(\mathbf{x}_0, \boldsymbol{\eta}) = f_j(\mathbf{x}_0, \mathbf{y} - \boldsymbol{\varepsilon}) = f_j(\mathbf{x}_0, \mathbf{y}) - \boldsymbol{\varepsilon} \,.$$

Damit können wir jetzt das Gleichungssystem in der Form

$$\mathbf{f} = A\boldsymbol{\xi} + \mathbf{c} - \boldsymbol{\varepsilon} = 0 \quad \text{bzw.} \quad \boldsymbol{\varepsilon} = \mathbf{c} + A\boldsymbol{\xi}$$

schreiben, die ihre Entsprechung in Abschn. 4.1 findet, nur dass hier $\boldsymbol{\xi}$ statt $\mathbf{x}$ steht. Damit ist die Lösung

$$\widetilde{\boldsymbol{\xi}} = -(A^{\mathrm{T}} G_y A)^{-1} A^{\mathrm{T}} G_y \, \mathbf{c} \,.$$

Mit $\tilde{\xi}$ findet man eine bessere Näherung $\mathbf{x}_1 = \mathbf{x}_0 + \tilde{\xi}$ und berechnet neue Werte von A und $\mathbf{c}$ an der Stelle $\mathbf{x}_1$. Eine Lösung $\tilde{\xi}$ mit diesen Werten liefert $\mathbf{x}_2 = \mathbf{x}_1 + \tilde{\xi}$ usw. Dieses iterative Verfahren kann abgebrochen werden, wenn die Minimum-Funktion im gerade ausgeführten Schritt im Vergleich zum Ergebnis des vorhergehenden Schrittes nicht mehr wesentlich gesunken ist. Ist die Lösung $\tilde{\mathbf{x}} = \mathbf{x}_n = \mathbf{x}_{n-1} + \tilde{\xi}$ in n Schritten erreicht, so kann sie als lineare Funktion von $\tilde{\xi}$ aufgefasst werden. Die Kovarianzmatrizen von $\tilde{\mathbf{x}}$ und $\tilde{\xi}$ sind dann nach der Fehlerfortpflanzung identisch, und es gilt

$$C_{\tilde{x}} = G_{\tilde{x}}^{-1} = (A^{\mathrm{T}} G_y A)^{-1} = (A'^{\mathrm{T}} A')^{-1}\,.$$

Allerdings verliert die Kovarianzmatrix ihre Aussagekraft, wenn die lineare Näherung im Bereich $\tilde{x}_i \pm \Delta x_i$, $i = 1, \ldots, r$ keine gute Beschreibung ist. Dabei ist $\Delta x_i = \sqrt{C_{ii}}$.

Es gibt allerdings keine Garantie für die Konvergenz des Verfahrens. Offenbar ist mit Konvergenz um so eher zu rechnen, je besser die Näherung der nach dem ersten Glied abgebrochenen Taylor-Entwicklung in dem Bereich ist, in dem $\mathbf{x}$ während des Verfahrens variiert. Man sollte daher von einer möglichst guten ersten Näherung ausgehen.

4.4 Beispiel: Anpassung einer nichtlinearen Funktion

In vielen Experimenten wird nach „Signalen" gesucht, die oft die Form der Gaußschen Glockenkurve haben und die noch über einem sich langsam mit der kontrollierten Variablen t veränderndem „Untergrund" liegen. Da über diesen Untergrund im allgemeinen wenig bekannt ist, wird er durch eine Gerade oder ein Polynom zweiten Grades angenähert. An die in Abb. 4.2 dargestellten 50 Datenpunkte mit Messfehlern, die offenbar zwei Signale zeigen, wurde eine Summe eines solchen Polynoms und zweier Gaußverteilungen angepasst, also eine Funktion mit insgesamt 9 unbekannten Parametern:

$$h_j(\mathbf{x}, t) = x_1 + x_2 t_j + x_3 t_j^2 + x_4 \exp\{-(x_5 - t_j)^2/2x_6^2\} + x_7 \exp\{-(x_8 - t_j)^2/2x_9^2\}\,.$$

Die Kurve in der Abb. 4.2 zeigt das Ergebnis der Anpassung, das nach 9 Iterationsschritten erreicht wurde.

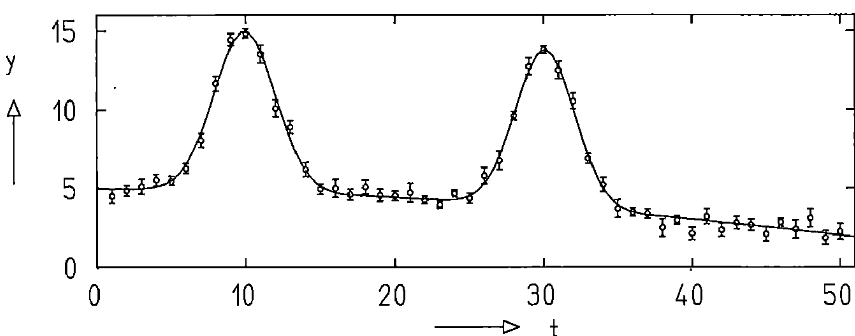

Abb. 4.2 Messwerte und angepasste Summe eines Polynoms zweiten Grades und zweier Gauß-Funktionen

4.5   Allgemeinster Fall kleinster Quadrate. Beispiel

In den Abschn. 4.1 und 4.3 hatte die Funktion f_j die Form $f_j = \eta_j - h(\mathbf{x})$. Die „wahren" Werte η_j der Messungen traten als isolierter linearer Term auf. Im allgemeinsten Fall sind die n Größen η und die r unbekannten Parameter $\mathbf{x}$ durch m Bedingungsgleichungen

$$f_k(\mathbf{x}, \eta) = 0 \,, \quad k = 1, 2, \ldots, m$$

miteinander verknüpft. Der Name dieser rührt daher, dass die einzelnen η_j nicht mehr unabhängig voneinander sind, sondern Bedingungen zwischen ihnen bestehen können, wie im nachfolgenden Beispiel. Wieder können Schätzungen $\tilde{x}$ und $\tilde{\eta}$ sowie deren Kovarianzmatrizen bestimmt werden Die Verfahren dazu sind in [DA], Abschn. 9.10 und 9.11, dargestellt. Wir begnügen uns hier mit der Angabe einer Beispielaufgabe und ihrer Lösung.

Es sei eine Anzahl von Messpunkten (t_i, s_i) in der (t, s)-Ebene gegeben. Jeder Punkt habe die Messfehler Δt_i, Δs_i. Die Fehler können korreliert sein. Die Kovarianz zwischen den Messfehlern Δt_i und Δs_i sei c_i. Gesucht ist die an die Messungen angepasste Gerade.

Wir treffen jetzt eine Zuordnung der t_i, s_i zum n-Vektor $\mathbf{y}$ unserer Messgrößen:

$$y_1 = t_1 \,, \quad y_2 = s_1 \,, \quad \ldots \,, \quad y_{n-1} = t_{n/2} \,, \quad y_n = s_{n/2} \,.$$

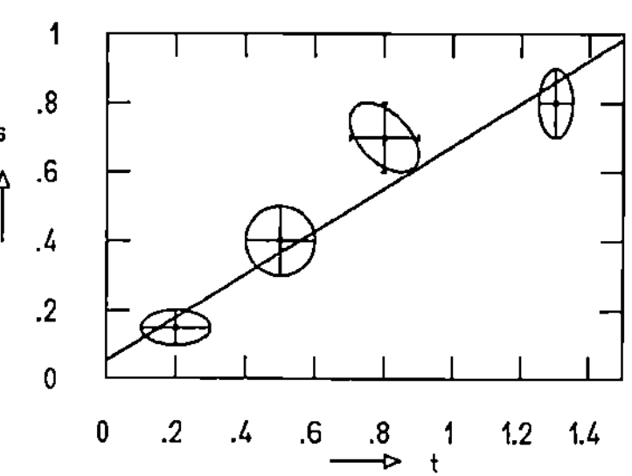
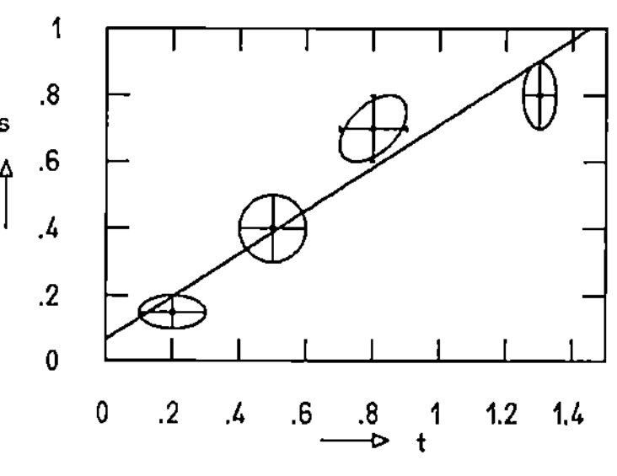

Abb. 4.3 Anpassung einer Geraden an 4 Messpunkte in der (t, s)-Ebene. Die Punkte sind mit Meßfehlern (in t und s) und Kovarianzellipsen dargestellt

Die Kovarianzmatrix ist

$$
C_y = \begin{pmatrix}
(\Delta t_1)^2 & c_1 & 0 & 0 \\
c_1 & (\Delta s_1)^2 & 0 & 0 \\
0 & 0 & (\Delta t_2)^2 & c_2 \\
0 & 0 & c_2 & (\Delta s_2)^2 \\
& & & & \ddots
\end{pmatrix} .
$$

Eine Gerade in der (t, s)-Ebene wird durch die Gleichung $s = x_1 + x_2 t$ beschrieben. Für die Annahme einer solchen Geraden durch die Messpunkte nehmen die Bedingungsgleichungen die Form

$$
f_k(\mathbf{x}, \boldsymbol{\eta}) = \eta_{2k} - x_1 - x_2 \eta_{2k-1} = 0 , \quad k = 1, 2, \ldots, n/2
$$

an. Wegen des Gliedes $x_2 \eta_{2k-1}$ sind die Gleichungen nicht linear. Die Ableitungen nach η_{2k-1} hängen noch von x_2 und die nach x_2 von η_{2k-1} ab.

Im Abb. 4.3 sind die Ergebnisse von Anpassungen an 4 Messpunkte dargestellt. Die Beispiele in den beiden Teilbildern unterscheiden sich nur durch den Korrelationskoeffizienten des dritten Messpunktes, $\rho_3 = 0.5$ bzw. $\rho_3 = -0.5$. Man beobachtet eine spürbare Auswirkung des Vorzeichens von ρ_3 auf die Ergebnisse der Anpassung.

Weitere Verfahren **5**

5.1 Methode der Maximum Likelihood

Aus ihr kann die Vorschrift der kleinsten Quadrate für Gaußisch verteilte Messgrößen hergeleitet werden. Sie liefert darüber hinaus Antworten bei anders verteilten Messgrößen. Der Grundgedanke ist folgender: Eine Messgröße x folgt der Wahrscheinlichkeitsdichte $f(x, \lambda)$, die noch von dem unbekannten Parameter λ abhängt. Wird der Wert x_1 gemessen, so war die Wahrscheinlichkeit für sein Eintreten proportional zu $f(x_1, \lambda)$. Man spricht von einer *a-posteriori-Wahrscheinlichkeit* oder *Likelihood*. Für eine Messreihe $x_1, x_2, \ldots, x_N$ ist die Likelihood dann proportional zu dem Produkt $L = f(x_1, \lambda) f(x_2, \lambda) \cdots f(x_N, \lambda)$. Der Parameter λ wird nun so bestimmt, dass die *Likelihood-Funktion L* (oder – gleichbedeutend – ihr Logarithmus $\ell = \ln L$) maximal wird. Das Verfahren kann leicht auf mehrere Messgrößen und Parameter ausgedehnt werden, vgl. [DA], Kap. 7. Im Rechner wird statt des Maximums von ℓ das Minimum von $-\ell$ bestimmt. In [DA], Kap. 10, werden Algorithmen der *Minimierung* an Hand von Beispielen beschrieben.

5.2 Bestimmung unsymmetrische Fehler

Messfehler sind nicht immer symmetrisch. Unsymmetrische Fehler treten insbesondere auf bei der Abzählung kleiner Stichproben ([DA], Abschn. 6.8), und in einigen Fällen von kleinsten Quadrate ([DA], Abschn. 9.13) und Maximum Likelihood ([DA], Abschn. 10.17). Zudem können Fehlergrenzen durch die allgemeineren *Konfidenzgrenzen* ersetzt werden, die auch an den zitierten Stellen diskutiert werden.

© Springer Fachmedien Wiesbaden 2015
S. Brandt, *Analyse empirischer und experimenteller Daten*, essentials,
DOI 10.1007/978-3-658-10069-8_5

5.3 t-Test, F-Test, Varianzanalyse

Zum Beispiel in Biologie und Medizin hat man es oft mit kleinen, verschieden behandelten Stichproben zu tun und stellt die Frage, ob Messgrößen dieser Stichproben gleichen Mittelwert oder gleiche Varianz haben. Die erste Frage kann mit dem t-Test ([DA], Abschn. 8.3) entschieden werden, die zweite mit dem F-Test ([DA], Abschn. 8.2). Letzterer bildet die Grundlage der *Varianzanalyse*, die einen vollständigeren Vergleich von Stichproben ermöglicht ([DA], Kap. 11).

Was Sie aus diesem Essential mitnehmen können

Mitnehmen können Sie Kenntnisse zu folgenden Themen:

- Wahrscheinlichkeitsrechnung
- Verteilungsfunktion, Mittelwert, Varianz, Kovarianz, Standardabweichung, Fehler als Standardabweichung
- Konkrete Verteilungen: Gaußverteilung, Binomial- und Poisson-Verteilung, χ^2-Verteilung
- Messung als Schätzung aus einer Stichprobe
- Messung durch Abzählung und deren Fehler
- Grafiken von Daten und Fehlern
- Methode der kleinsten Quadrate
    - Direkte Messungen gleicher und verschiedener Genauigkeit
    - Indirekte Messungen, Anpassung (Fit) einer Funktion
    - Allgemeiner Fall mit Bedingungsgleichungen
    - χ^2 - Test

© Springer Fachmedien Wiesbaden 2015
S. Brandt, *Analyse empirischer und experimenteller Daten*, essentials,
DOI 10.1007/978-3-658-10069-8

Literatur

P. Bevington, D.K. Robinson, *Data Reduction and Error Analysis for the Physical Sciences*, 3. Aufl. (McGraw-Hill, New York, 2003)

S. Brandt, *Datenanalyse für Naturwissenschaftler und Ingenieure*, 5. Aufl. (Springer Spektrum, Berlin, 2013). - im Text zitiert als [DA]

S. Brandt, *Anhang zu* [DA], kann kostenlos heruntergeladen werden von der Seite des Buches [DA] unter springer.com - im Text zitiert als [DA-A]

G. Cowan, *Statistical Data Analysis* (Clarendon Press, Oxford, 1998)

J. Hedderich, L. Sachs, *Angewandte Statistik*, 14. Aufl. (Springer, Berlin, 2012)

L. Lyons, *Statistics for Nuclear and Particle Physicists* (Cambridge University Press, Cambridge, 1986)

© Springer Fachmedien Wiesbaden 2015

S. Brandt, *Analyse empirischer und experimenteller Daten,* essentials,

DOI 10.1007/978-3-658-10069-8